tat une somme de 5 francs. Vous comprenez, dès lors, la perte subie par le Trésor, lorsque les récoltes de vin sont descendues de 60 à 30 ou à 25 millions d'hectolitres. Il est vrai qu'une partie du déficit a été comblée par les importations de vins étrangers qui ont dépassé le total énorme de 10 millions d'hectolitres, par la partie des vins de raisins secs qui n'échappe pas à l'impôt, par l'extension de l'emploi du sucre dans la fabrication des piquettes. Mais tout cela n'a été qu'un palliatif, et il reste avéré que, depuis plusieurs années, la consommation du vin, en France, a diminué de 10 millions d'hectolitres environ. Cela correspond, pour chacune de ces années, à une perte de 50 millions pour le Trésor. Répétée pendant plusieurs années, et ayant pour conséquence les pertes qui résultent de la diminution des revenus que la vigne apportait aux particuliers, cette réduction de recettes a apporté la perturbation dans les finances de l'État. En fait, les embarras financiers de la France ont commencé avec l'aggravation de la situation viticole ; certes, d'autres causes ont été concomitantes, mais la fortune publique aurait triomphé de ces autres causes, si la vigne, au lieu de péricliter, avait continué à suivre le développement normal sur lequel on était en droit de compter. La reconstitution du vignoble sera donc appelée à jouer le plus grand rôle dans le rétablissement de l'équilibre des finances de l'État. Ce simple exposé suffit pour montrer combien cette reconstitution est importante, combien elle est nécessaire.

Vous savez tous, messieurs, quelle est la cause du mal. — Un insecte presque microscopique, malencontreusement importé d'Amérique, le *Phylloxera vastatrix*, est l'auteur de la destruction de nos vignes. Ses effets se sont fait sentir d'abord aux deux extrémités de notre pays : d'une part, aux portes de Bordeaux : d'autre part, dans le département de Vaucluse. Là, pendant plusieurs années, on vit les vignes dépérir, sans trouver la cause de leur mort. C'est, il y a vingt ans, en 1868, qu'une commission de la Société centrale d'agriculture de l'Hérault, composée de MM. Gaston Bazile, Planchon et Sahut, découvrit le phylloxera et constata qu'il était la cause de la mort des vignes. Un d'eux est aujourd'hui dans la tombe, emportant les regrets de tous les viticulteurs français : M. Planchon a rendu trop de services à la cause que nous exposons devant vous, pour qu'au début de cet entretien, nous ne rendions pas un respectueux hommage à sa mémoire.

Je ne m'atarderai pas à vous décrire les mœurs du phylloxera, non plus que la nature des altérations qu'il provoque dans la vigne ; mais je dois le faire passer devant vous, sous ses différentes formes, d'après les desseins si précis dus à M. Maxime Cornu, et expliquer en quelques mots son action. Le phylloxera s'attache aux racines de la vigne, et sa propagation se fait, soit de proche en proche, soit par des générations ailées qui sont emportées au loin par le vent, pour créer de nouveaux centres d'attaque.....

L'étendue des ravages du phylloxera ressort des chiffres que je vous ai cités. Il serait facile de suivre la progression des deux taches initiales (c'est le mot consacré) ; depuis plusieurs années, le ministère de l'agriculture publique dresse chaque année, une carte des régions envahies ; la comparaison de ces cartes vous montrerait que l'invasion n'a pas été arrêtée, et qu'elle s'étend, d'année en année, sur une aire plus étendue. Mais je préfère arriver immédiatement à la situation présente.

Cette situation pourrait-elle être différente ; en d'autres termes, aurait-on pu apporter des obstacles à la diffusion du phylloxera dans la France viticole ? Voilà un sujet qui a donné lieu à bien des controverses. Je n'ai pas la prétention de trancher le différend ; mais je penche à penser qu'il eût été bien difficile, pour ne pas dire impossible, de mettre une digue réellement efficace à l'envahissement du fléau. Jusqu'ici l'homme a toujours été vaincu dans sa lutte contre les infiniment petits, et c'est aujourd'hui seulement, grâce aux découvertes de M. Pasteur, qu'on pressent l'aurore de jours meilleurs. En ce qui concerne le phylloxera, pendant nombre d'années on n'a su rien ou presque rien de ses évolutions ; pendant que la science lui arrachait péniblement ses secrets, il cheminait sans s'arrêter, prenant chaque jour possession d'un territoire plus étendu. Et lorsqu'on aurait pu prendre des mesures

# LA RECONSTITUTION DU VIGNOBLE FRANÇAIS[1]



Mesdames, messieurs,

Lorsque le Conseil d'administration de l'Association française eut décidé qu'une des conférences de cet hiver serait consacrée à la reconstitution du vignoble français, on me pria de trouver un orateur qui traitât le sujet avec une compétence absolue. Je frappai aux portes des plus habiles; mais, avec une modestie que vous regretterez vivement, ceux-ci se dérobèrent. Je dus assumer la tâche qui s'offrait. C'est un conférencier de hasard que vous avez devant vous.

I. — Nous allons donc parler du vin et de la vigne. Je ne vous parlerai pas du vin qui donne la santé, du vin qui apporte la gaieté, — mais du vin qui répand la richesse autour de lui. C'est une vérité banale que la culture de la vigne était naguère une des plus belles et des plus profitables branches de la production du sol français. Cette prospérité a été cruellement entamée. Il y a encore quinze ans, la France produisait, bon an mal an, de 50 à 60 millions d'hectolitres de vin, — une année même, elle a récolté plus de 80 millions d'hectolitres. Dans ces derniers temps, la production annuelle n'a plus été que de 25 à 30 millions d'hectolitres.

Cette chute a eu des conséquences désastreuses : ruine des viticulteurs, dans un grand nombre de régions ; perte de travail pour les populations rurales, par suite la misère, et comme conséquence, l'émigration ; et enfin, brèche énorme dans la fortune publique.

Cette dernière conséquence doit nous arrêter quelques instants ; on a calculé, — et ce calcul n'a rien d'exagéré, — que chaque hectolitre de vin apporte au budget de l'É-

1. Extraits d'une conférence faite, le samedi 16 février, à l'Association française pour l'avancement des sciences.

Couvertures supérieure et inférieure manquantes

réellement efficaces pour retarder, sinon enrayer absolument sa marche, il était peut-être trop tard, en France, et on a reculé devant l'énormité du sacrifice qu'on aurait dû demander au pays. D'autres nations, relativement plus favorisées, n'ont été atteintes par l'invasion phylloxérique que postérieurement à la France ; on y a profité des résultats des recherches et des travaux poursuivis chez nous, on y a profité aussi de notre expérience, et on a pu prendre des mesures qui ont relenti les effets du fléau. — Des méthodes analogues ont été adoptées en Algérie, et il est permis d'espérer que notre viticulture africaine en tirera profit.

Je fais passer sous vos yeux la carte de la France viticole, dans son état actuel. Cette carte a été dressée de telle sorte qu'elle vous montrât à la fois l'étendue du territoire de la vigne et celle de l'invasion du fléau. Les parties de la carte qui ne portent aucune teinte sont celles où l'on ne cultive pas la vigne; nous n'avons pas à nous en occuper. Les départements viticoles sont répartis entre trois teintes.

La teinte la plus intense occupe la région septentrionale. Cette région est jusqu'ici indemne du phylloxera ; du moins, on ne l'y a pas encore trouvé. Vous remarquerez qu'elle est relativement peu étendue, mais elle comprend une région viticole importante, la Champagne.

Une teinte intermédiaire, presque régulière, au-dessous de la première, s'étend sur toutes les parties du pays où le phylloxera a commencé à exercer ses ravages. L'importance de ces ravages n'est pas la même partout : ici, ils sont déjà considérables, par exemple, en Bourgogne et dans une partie du bassin de la Loire ; ailleurs, ils ne s'accusent encore que sur des surfaces restreintes, par exemple dans la Haute-Marne et dans l'Aube ou dans quelques cantons des départements de Seine-et-Marne et de Seine-et-Oise. Mais toute cette région est, au point de vue légal, dans la même situation : le commerce des plants de vignes y est soumis à un régime spécial, et il est interdit d'y introduire soit des vignes étrangères, soit des vignes provenant des autres arrondissements phylloxérés.

La troisième teinte s'étend, comme vous le voyez, à toute la région méridionale de la France; c'est la partie où le fléau a pris le plus d'intensité. A raison de cette intensité, les mesures restrictives que je viens de vous signaler ont été abolies: la culture de la vigne y a reconquis sa liberté. C'est là surtout qu'ont été semées les ruines dont je vous ai parlé. C'est principalement de cette région que nous aurons à nous occuper aujourd'hui.

Voilà ce qui concerne la vigne. Comme conséquence, examinons rapidement la situation, en ce qui concerne le vin. Je ne puis mieux faire que de faire passer sous vos yeux deux cartes de la consommation du vin en France. Ces cartes, saisissantes l'une et l'autre, sont dues à M. Turquan, chef du service de la statistique, au ministère du commerce.

La première de ces cartes indique la consommation du vin, en 1873. Par des teintes dégradées, on y distingue les régions de la France dans lesquelles la consommation du vin dépasse 150 litres par tête, et celles dans lesquelles cette consommation varie dans des limites plus restreintes.

La deuxième carte s'applique à la consommation du vin, en 1885. Les mêmes teintes que dans la précédente s'appliquent à la même répartition de la consommation. La diminution de celle-ci, dans une grande partie du territoire, est flagrante. La consommation moyenne, par tête, qui était de 119 litres, en 1873, est tombée à 75 litres, en 1885.

Voyons maintenant, messieurs, les phases que traverse l'envahissement du fléau. Prenons pour exemple un département encore indemne, mais voisin d'un autre département dans lequel l'invasion a déjà fait des progrès. Quelques esprits éclairés, soucieux du danger, donnent l'alarme autour d'eux; ils créent une certaine agitation.

Qu'arrive-t-il alors? On commence naturellement par nommer des fonctionnaires. On forme un comité de vigilance composé de viticulteurs, lequel se subdivise en comités de vigilance d'arrondissements. Lorsque les présidents et les membres de chaque bureau ont été choisis, un gros fonctionnaire arrive de Paris ; il provoque des réunions, donne des renseignements sur les mœurs de l'insecte, préconise la méthode à suivre pour le combattre, indique les conditions dans lesquelles le ministère de l'agriculture ne marchandera ni son concours ni ses subventions ; il encourage la formation de syndicats communaux, et il montre l'exemple des résultats acquis ailleurs. La bonne parole se propage par les Comités de vigilance, et par les agents locaux dont je vous ai parlé. Elle paraît d'abord produire un effet utile ; mais, invariablement, il se rencontre quelques coqs de village, qui se croient plus malins que les autres, qui haussent les épaules : « Leur phylloxera, plaisanterie ; on ne l'a jamais vu chez nous ; — leurs syndicats, nouveau moyen de gober l'argent du pauvre monde ! (J'en passe, et de bien plus énergiques.) — Il sera toujours temps de voir plus tard. » Et voilà comment les Comités de vigilance s'endorment trop souvent.

Deux ans, trois ans se passent. Un jour, un vigneron raconte à ses voisins qu'il a beaucoup d'ennui avec sa vigne ; elle pousse mal, les sarmants restent malingres, la récolte ne vient pas ; il y a bien quelques fleurs, mais pas de fruits. Il accuse la gelée, le brouillard, la pluie, le soleil, bien d'autres causes encore. Mais quant à chercher si ce ne serait pas le phylloxera, ni lui ni ses voisins n'y songent. La chose s'ébruite ; la rumeur parvient à un vigneron plus instruit, qui vient voir, qui pioche au pied d'une souche et croit reconnaître les manifestations qu'on lui a dit être celles du phylloxera. Dès que le gros mot est prononcé, alors toute la machine se met en branle. Les fonctionnaires accourent, les comités de vigilance se réveillent, mais, hélas ! bien souvent, il est tard, trop tard. Au lieu de quelques ceps de vignes atteints, on en trouve des centaines ; au lieu d'une commune envahie, il y en a des dizaines. On essaye de lutter ; on réussit parfois, mais, plus souvent, on échoue. Le découragement se met de la partie : on laisse les vignes mourir, en maudissant le sort malheureux, mais en oubliant de maudire la négligence initiale. Cette histoire paraîtra peut-être un peu chargée ; mais elle n'est, pour bien des cas, que l'expression exacte des faits.

La vigne morte, on essaye d'autres cultures. Le plus souvent, celles-ci réussissent mal, rarement elles donnent d'aussi bons produits que la vigne. C'est alors que commence le travail de la reconstitution, travail lent, mais travail qui a pris aujourd'hui de telles proportions qu'il peut rassurer sur l'avenir.

II. — On peut reconstituer les vignes en suivant trois méthodes : la première consiste à replanter des vignes françaises, en les soumettant à un traitement qui les mette à l'abri du phylloxera ; — la deuxième, à planter les mêmes vignes dans des terrains où l'insecte ne peut pas vivre ; la troisième, à planter des vignes qui résistent à ses atteintes.

Le premier procédé, celui qui consiste à replanter des vignes françaises pour les soumettre à un traitement insecticide, n'a été pratiqué jusqu'ici que très exceptionnellement, quand il s'agit du traitement par les agents chimiques tels que le sulfure de carbone. On en cite peut-être deux ou trois exemples. Ces exemples n'ont pas encore pu donner la mesure de leur valeur ; mais, si l'on en juge par trop de résultats constatés dans le traitement des anciennes vignes phylloxérées, il est probable qu'il ne sera réalisé de succès soutenus qu'entre les mains d'hommes très habiles et très instruits. Or vous savez que c'est malheureusement l'exception. Il est donc peu probable que ces exemples trouvent beaucoup d'imitateurs. Nous n'insisterons pas sur ce sujet.

Il est toutefois un insecticide pour le phylloxera qui a fait ses preuves depuis longtemps, et dont l'efficacité bien constatée a été le point de départ, non seulement de la conservation de vastes étendues de vignes, mais encore de la création d'un grand nombre de vignobles importants, dans des régions où, jusqu'ici, on n'avait pas songé à planter de la vigne. Cet insecticide c'est l'eau. Les recherches de M. Louis Faucon ont démontré, vers 1871, que si l'on soumet la vigne, à la fin de l'automne ou en hiver, à une submersion prolongée, pendant 40 à 45 jours, cette submersion détruit les phylloxeras qui se trouvent sur les racines. On peut donc, par ce procédé, maintenir la vigueur de la vigne, mais à deux conditions : la première, de répéter chaque année la submersion, pour détruire les insectes amenés par les essaimages des colonies voisines ; la seconde, de donner à la vigne des fumures abondantes pour restituer au sol les principes utiles que le séjour prolongé de l'eau doit entraîner.

La submersion a permis de préserver des étendues importantes de vignes, dans le sud-est et dans le Bordelais. Dans le sud-est, on a conservé ainsi des vignes qui se trouvaient à proximité des canaux d'irrigation et de quelques cours d'eau ; on a même créé plusieurs canaux, encore trop peu nombreux, pour permettre d'appliquer le procédé sur de plus vastes étendues. Dans le Bordelais, la submersion a permis de préserver de nombreuses vignes dans les palus de la Garonne et de la Dordogne, comme dans ceux de la Gironde. Partout, elle a donné les meilleurs résultats; aujourd'hui, dans certaines régions des Charentes, on défriche des prairies de vallées pour y planter des vignes à submersion.

L'application du procédé exige des travaux assez importants. Il faut que la vigne soit bien nivelée, qu'on la divise en compartiments séparés par des bourrelets qui maintiennent l'eau, qu'on assure, par des rigoles de colature bien dirigées, l'écoulement des eaux, lorsque l'opération est achevée. Si le niveau de la vigne est au-dessous d'un canal, on y fait pénétrer l'eau par sa pente naturelle; l'opération se pratique alors dans les conditions relativement les plus faciles. Si la vigne est, au contraire, à un niveau supérieur, on doit avoir recours à des machines élévatoires ; les pompes centrifuges et les rouets sont, dans ce cas, les machines adoptées. C'est une complication importante qui s'ajoute aux anciennes méthodes de culture de la vigne, mais c'est une complication dont les résultats sont très heureux.....

La submersion n'a pas eu seulement pour effet de permettre le salut d'un grand nombre de vignobles; elle a eu cet autre effet de provoquer une sorte de migration de la vigne. *Bacchus amat colles*, disaient les anciens ; ils avaient raison, et ceux qui répètent leur adage ont encore raison. Mais le phylloxera, plus fort que tous les axiomes, a forcé Bacchus à se mettre les pieds dans l'eau. Le succès de la submersion, pour sauvegarder les anciennes vignes, a suggéré la pensée de planter des vignes dans des terrains où l'on ne s'adonnait pas à cette culture, mais où l'on pouvait avoir facilement de l'eau. Suggestion heureuse, car elle a eu pour résultat la régénération de contrées qui semblaient vouées à une stérilité perpétuelle. Sur les 25,000 hectares de vignes qui, d'après les statistiques officielles sont soumises actuellement à la submersion, on peut évaluer à 6.000 hectares au moins le total des vignes, qui sont encore relativement jeunes et qui ont été créées ainsi de toutes pièces.

L'exemple le plus remarquable de cette transformation nous est fourni par la Camargue. — Chacun sait que la Camargue est un vaste delta entre les deux bras du Rhône au-dessous d'Arles : pleine immense, presque un désert, rebelle à la culture, marais insalubre. — Pour l'assainir, les ingénieurs des ponts et chaussées y ont exécuté des travaux considérables, travaux que M. Chambrelent a décrits naguère ; mais ils n'avaient pas réussi à y faire naître la vie. C'est à la vigne qu'il était réservé de rénover la Camargue. Le Rhône l'entoure de toutes parts, le sol y est remarquablement uni, mais dans beaucoup de parties il est salé au point de se refuser à toute végétation utile. Les obstacles à vaincre étaient considérables, d'autant plus qu'on y manquait à peu près complètement de voies de communication.

Le premier viticulteur qui, à ma connaissance, ait planté la vigne en Camargue, pour la soumettre à la submersion, est M. Sylvain Espitalier, au Mas-de-Roy. Il commença, en 1872, la création d'un vignoble dont l'étendue dépasse 100 hectares et qui lui donna rapidement les plus beaux résultats. Il eut de nombreux imitateurs : la Camargue possède aujourd'hui au moins 3.500 hectares de vignes qui donnent, bon an mal an, de 80 à 100 hectolitres de vin chacun. C'est que, sous ce climat chaud, la submersion crée dans le sous-sol des réserves d'humidité qui donnent un développement inusité à la végétation de la vigne, dont les rendements atteignent des proportions inconnues ailleurs.

Dans la Basse-Camargue surtout, c'est-à-dire dans la partie la plus voisine de la mer, le dessalement du sol s'impose avant la plantation de la vigne ; on obtient ce dessallement par une submersion prolongée dont l'effet est de laver la terre et de la débarrasser profondément du sel qu'elle renferme.

Pour vous donner une idée de ces opérations, je fais passer sous vos yeux un exemple emprunté à un domaine de Camargue. C'est le domaine de l'Éysselle, qui a été transformé par un agriculteur des plus distingués, M. Hardon, connu d'ailleurs pour sa belle exploitation de Courquetaine, dans le département de Seine-et-Marne.

Le vignoble de l'Eysselle a une étendue de 120 hectares ; il a été créé depuis dix ans, avec une persévérance et une habileté que le succès a complètement couronnées.

Voici d'abord l'état général du domaine avant sa transformation. Cette vue vous donne une idée de la Camargue : un sol absolument nu, avec des touffes de salicorne et quelques buissons clairsemés.

Après avoir opéré le nivellement du domaine, on établit les compartiments qui serviront à la submersion, et on creuse les canaux nécessaires à la circulation de l'eau. Il est nécessaire, pour amener le dessallement, effectué par M. Hardon sur 200 hectares, de faire séjourner l'eau leurs sol pendant plusieurs mois. Pour en tirer parti, on y cultive du riz : vous voyez ici une rizière en pleine végétation. Après la récolte du riz, on enlève l'eau, on laboure, puis on plante la vigne. Les plants sont des boutures qu'on a fait enraciner en pépinière.

Voici la vigne, à la fin de la première année de la végétation. Vous voyez facilement la vigueur des ceps.

Voici la même vigne à la deuxième année ou à la deuxième feuille, comme on dit vulgairement. Vous voyez combien les sarments sont longs et vigoureux. Si l'on vous présentait la vigne à la troisième feuille, vous ne verriez plus qu'une immense mer de verdure.

C'est à la troisième feuille qu'on commence à vendan

ger. Pour faire le vin, il faut un cellier. Voici le cellier de l'Eyselle : il peut contenir 9.000 hectolitres de vin ; je vous le montre pour vous donner une idée des grandes installations viticoles du midi. Quand vous entrez, après les vendanges, dans un cellier où vous voyez fermenter 10.000 hectolitres de vin, vous ne devez pas oublier que ce cellier représente, pour le budget de l'État, une somme nette, assurée et à rapide échéance, de 50.000 fr. au moins. Et les celliers de ce genre se comptent par centaines, dans le midi de la France.

Outre l'exemple de la Camargue, je dois vous citer aussi celui des bassins de petits fleuves de la Méditerranée : le Vidourle, l'Hérault, l'Aude, sur les rives desquels ont été faites des créations analogues. Des canaux ont été créés sur plusieurs points de ces bassins pour apporter au sol l'eau nécessaire pour la submersion.

Parmi ces transformations, j'insisterai sur celle de la vallée du Vidourle. C'était une vallée de palus et de marécages ; elle a été transformée sur ses deux rives. La commune de Saint-Laurent-d'Aigouze, d'une étendue de 8.400 hectares, comptait sept hectares en vignes lorsque le cadastre fut fait ; elle en a aujourd'hui 1.600, la plupart protégés contre le phylloxera par la submersion. Le Vidourle, aurait été impuissant à fournir la quantité d'eau nécessaire pour ces submersions ; on y a obvié en forant des puits artériens, dont quelques-uns creusés à la profondeur de 130 mètres, et au-dessus desquels sont établis les appareils de captation des eaux ; les hautes cheminées de ces appareils dominent la plaine de tous côtés. Plusieurs millions ont été dépensés pour ces aménagements, mais la vigne s'entend à rémunérer le capital qu'on lui confie. C'est aussi sur les bords du Vidourle qu'a été créé un des plus grands vignobles à submersion qui existent ; c'est le vignoble de Taramiguières (commune de Marsillargues), qui compte aujourd'hui 154 hectares de vignes en production.

III. — Je vous ai dit qu'un autre procédé de reconstitution du vignoble consiste à planter la vigne dans des terrains où le phylloxera ne peut pas vivre. Les seuls terrains qui jouissent de cette immunité sont des terrains sablonneux, et quand on parle, en ce cas, de terrains sablonneux, on parle de terrains composés presque exclusivement de sable pur, comme les dunes maritimes. Dans ce sol mobile renfermant une notable proportion de particules presque impalpables, l'insecte paraît asphyxié. Ces sables sont surtout abondants dans la région du bas Rhône, aux environs d'Aigues-Mortes. Ceux d'entre vous, messieurs, qui assistaient au Congrès de l'Association française, à Montpellier, se souviennent certainement de l'intéressante excursion dont cette ville était le but. C'était alors le commencement de la prospérité des premières vignes plantées dans les sables. De temps immémorial, on cultivait la vigne à Aigues-Mortes, mais dans des proportions très restreintes; de 1875 à 1879, la vigne venait d'y conquérir 1.500 hectares, à l'instigation et à l'exemple de M. Ch. Baylè, l'infatigable promoteur de cette culture. Lorsque j'y revins, en 1882, les plantations avaient encore doublé, et les rendements avaient triplé. En 1888, j'ai vu, à Aigues-Mortes, près de 7.000 hectares de vignes, et il ne reste presque plus de place disponible pour cette culture. La valeur du sol a plus que décuplé. Aussi vous ne reconnaîtriez plus Aigues-Mortes : la population était confinée, depuis saint Louis, dans l'enceinte de ses remparts trop larges pour elle; elle y végétait silencieuse; aujourd'hui elle en déborde; les constructions nouvelles se multiplient en dehors des hautes murailles du moyen âge. La vigne a transformé un désert mélancolique en un pays d'une richesse exceptionnelle.

Bien plus, c'est dans le désert d'hier qu'on peut admirer aujourd'hui le plus beau cellier qui existe au monde : cellier remarquable, non pas tant par ses proportions gigantesques que par l'admirable agencement qui constitue un véritable triomphe pour les applications de la mécanique à la fabrication du vin. Je veux parler du cellier de Jaras, l'un des domaines de la Cie des Salins du midi, à Aigues-Mortes.

L'installation de ce cellier et du matériel qui le garnit est due à MM. Gervais et Crassous. La vapeur y règne en maîtresse, et le mécanicien conduit toutes les opérations de la vinification : ascenseur hydraulique pour la vendange, accumulateur qui peut donner une force de 52.000 kilog. pour le travail des pompes de soutirage, pressoir hydraulique, pompes pouvant soutirer un foudre en une heure, etc., tout cela fonctionne, au moment des vendanges, avec une simplicité et une régularité qui assurent l'excellente qualité du vin. Les celliers où la vapeur est le principal moteur ne sont plus rares aujourd'hui ; mais, nulle part encore, on n'en a vu une application aussi grandiose.

Pour vous donner une idée de la richesse de la viticulture des sables, j'ajouterai seulement ceci : la Compagnie des Salins, qui a planté 500 hectares de vignes à Aigues-Mortes, a récolté 20.000 hectolitres de vin, en 1887, et 73.000 hectolitres, en 1888.

On se demande comment un sol de sable presque pur peut permettre à la vigne de donner d'aussi belles récoltes. La cause en a été indiquée par Barral, en 1883 : au-dessous du sol, à une profondeur moyenne de 2 mètres, règne une couche aquifère dont l'eau est constamment appelée à monter, grâce à la grande puissance de capillarité dont jouissent ces sables calcaires ; la vigne trouve ainsi la provision d'eau nécessaire pour l'énorme évaporation de son système foliacé. En même temps, grâce à la chaleur du climat, la nitrification se fait dans ces sables avec une extrême rapidité ; les fumiers qu'on y répand sont consommés en quelques mois.

Pour être le principal centre de la culture de la vigne dans les sables, Aigues-Mortes n'en a pas le monopole. On utilise de la même manière les sables des bords de l'étang de Thau, près de Cette, ceux qui bordent une partie de l'étang de Berre. La vigne a été plantée, dans les mêmes conditions, sur quelques points du littoral du golfe de Fréjus. Enfin, des tentatives assez nombreuses ont été poursuivies, dans les sables des landes de Gascogne, dans les dunes maritimes de la Charente-Inférieure, dans les îles de Ré et d'Oléron ; mais on ne peut pas jusqu'ici se prononcer d'une manière positive sur leur avenir. Quoi qu'il en soit, vous comprenez sans peine que la culture de la vigne, dans les terrains sablonneux, ne peut être qu'un procédé restreint pour la reconstitution du vignoble.

IV. — J'ai hâte d'arriver, messieurs, à la partie principale de cette conférence: la reconstitution du vignoble par les vignes résistant au phylloxera. Peu de questions ont donné lieu, depuis quinze ans, à des débats aussi passionnés ; je me garderai bien de les réveiller, car ils s'éteignent peu à peu d'eux-mêmes. Je ne vous citerai que des faits, des faits certains, des faits tangibles, et non des conceptions de l'esprit. J'en tirerai bien ensuite quelques conclusions, mais ces conclusions, vous les aurez déduites avant moi.

Avant d'entrer dans le vif de la question, quelques détails préliminaires sont nécessaires. Toutes les vignes françaises, toutes les vignes d'Europe, appartiennent à une même espèce du genre *Vitis*, le *Vitis vinifera*. Outre cette espèce, le genre *Vitis* en renferme un certain nombre d'autres, dont la plupart habitent le nouveau monde. Ce sont, presque toutes, des vignes qui étaient encore récemment sauvages ; elles se répartissent entre une quinzaine de types spécifiques. La plupart de ces types n'ont pour nous qu'une importance accessoire, au moins jusqu'ici ; quelques-uns, au contraire, présentent une importance capitale, par la large place qu'ils sont appelés à occuper dans nos cultures. Ces types sont d'abord les *Vitis æstivalis*, *V. Riparia*, *V. Rupestris*, dont les variétés et les hybrides sont aujourd'hui répandues en France, en nombre considérable. Ce sont encore d'autres types, comme les *Vitis cordifolia*, *V. Berlandieri*, *V. cinerea*, qui, comme je vous l'expliquerai un peu plus tard, tendent à prendre désormais une importance non moins grande que celle des premiers types.

Ces vignes, dont il serait trop long de vous indiquer les caractères botaniques, jouissent de la propriété de pouvoir vivre malgré le phylloxera. Quelques-unes sont absolument réfractaires à ses atteintes, c'est-à-dire que le phylloxera ne se rencontre pas sur leurs racines ; les autres peuvent nourrir le parasite, mais elles ne succombent pas à ses atteintes. Tandis que le phylloxera condamne fatalement à la mort la vigne européenne sur laquelle ses colonies se fixent, il ne peut pas exercer la même action sur les vignes américaines, pourvu que celles-ci se trouvent dans un milieu favorable à leur développement. Un principe que vous ne devrez pas oublier a été parfaitement défini par M. Lugol, en 1879, dans les termes suivants : « Les plants américains ont tous plus ou moins à compter avec le phylloxera. Qui dit résistance dit lutte ; ils ne sortiront victorieux de cette lutte que s'ils n'ont pas à réagir contre d'autres causes d'affaiblissement. »

Qu'il y ait des espèces de vignes qui résistent au phylloxera, cela ne peut pas faire l'ombre d'un doute. En effet, si les vignes qui vivent depuis des siècles en Amérique, en compagnie de l'insecte, ne lui résistaient pas, elles auraient disparu depuis longtemps. Mais pourquoi ces vignes résistent-elles, alors que les vignes françaises succombent sous les atteintes du parasite? La raison en a été donnée, il y a une dizaine d'années, par M. Gustave Foex, directeur de l'Ecole nationale d'agriculture de Montpellier : la cause de la résistance des vignes américaines est dans la constitution même de leurs racines. Faites une section transversale sur la racine d'une vigne française et sur celle d'une vigne américaine, de même âge et de développement équivalent, et examinez-les au microscope.

Dans la vigne française, vous trouvez une écorce assez épaisse et à tissu lâche, des rayons médullaires larges et formés de grandes cellules à paroi mince. Dans la vigne américaine, au contraire, l'écorce est mince, mais dense, les rayons médullaires sont étroits et nombreux, leurs cellules sont petites et à parois épaisses ; en un mot, la lignification est plus parfaite que dans la première. Il en résulte que si les cellules extérieures sont atteintes par une cause quelconque, la perméabilité des tissus dans la vigne française sera une condition favorable au développement de l'altération, tandis que la densité des tissus de la vigne américaine constituera un obstacle à ce développement. De là, dans le premier cas, extension de la gangrène, si l'on peut employer cette expression ; dans le deuxième cas, blessure locale qui se cicatrise rapidement.

Les vignes américaines n'étaient pas inconnues en France. Depuis longtemps des amateurs, des collectionneurs de curiosités botaniques en avaient introduit, qu'ils avaient plantées dans leurs jardins. C'est même à ces amateurs, à ces chercheurs que nous sommes redevables de l'invasion du phylloxera en France. Dès les premiers temps de cette invasion, on reconnut bientôt que ces vignes américaines se maintenaient luxuriantes, tandis que les vignes françaises voisines périssaient sous les coups de l'insecte. On n'avait encore que de vagues notions sur les conditions viticoles de l'Amérique : on chercha à s'enquérir. C'est alors que Planchon fut chargé par la Société d'agriculture de l'Hérault de faire un voyage en Amérique pour y étudier les diverses formes de vignes qui y existaient. C'est à ce voyage que l'on doit rapporter les premières notions exactes que l'on ait eues en France sur les vignes américaines : Planchon se fit leur champion, et proclama sans hésiter que l'on devait trouver dans les vignes nouvelles des armes efficaces pour s'affranchir du fléau.

A dater de ce moment, un commerce actif d'importation de vignes américaines fut rapidement constitué. Les plantations du nouveau monde furent mises à contribution depuis l'Océan atlantique jusqu'aux monts Alleghanys et depuis la Nouvelle-Angleterre jusqu'au Texas. De presque tous les points de cet immense territoire, des chargements de boutures de vignes américaines furent expédiés en France. Tout cela avait pour destination quelques petites localités, la plupart autour de Montpellier, et notamment l'Ecole nationale d'agriculture qui avait été ouverte peu d'années auparavant, aux portes de cette ville. C'était la confusion, une confusion absolue, complète, au milieu de laquelle il s'agissait de jeter un peu de lumière. On compta tout d'abord quelques succès, mais aussi quelques résultats médiocres, des insuccès assez nombreux. Il ne pouvait en être autrement ; on avait pris ces vignes nouvelles disséminées sur l'immense territoire dont je vous ai parlé, et on espérait les faire vivre côte à côte sur un espace restreint, dans une pépinière de quelques ares, de quelques hectares au plus, sans compter que ces vignes vivaient, dans leur pays natal, dans les conditions les plus variées de climat et de sol. Ce fut la période fatale des tâtonnements et des contradictions, contradictions d'autant plus vives que les affirmations les plus opposées reposaient, les unes et les autres, sur des faits tangibles. Les discussions étaient quotidiennes, chacun plaidant pour ses résultats avec une ardeur que soutenait souvent un intérêt commercial, d'ailleurs fort légitime. Un beau jour, un viticulteur distingué de l'Hérault, M. Louis Vialla, avança cet aphorisme qui paraît bien simple aujourdhui : c'est qu'il convient de tenir compte de l'adaptation de la vigne américaine au sol qui la porte. La résistance individuelle de chacune des vignes américaines était démontrée, mais il s'agissait de savoir dans quelles circonstances chacune trouverait les conditions propices à son développement normal. Dès lors, toutes les faces du problème étaient connues, la solution devait venir rapidement, et en fait elle ne s'est plus fait attendre. La sélection s'est opérée et grâce à la multiplicité des expériences antérieures, dont les résultats, même les plus contradictoires, servaient à se contrôler mutuellement, on a pu commencer à dresser ce que j'appellerai le code de la culture des vignes américaines, code dont les applications ont déjà permis d'atteindre les résultats que je vous signalerai tout à l'heure.

Du moment que les vignes américaines résistent au phylloxera, la première pensée qui vint à l'esprit fut de les substituer simplement aux anciennes vignes françaises. Par cette méthode, en effet, on avait l'espoir de conserver les anciennes méthodes de viticulture, en les appliquant simplement à de nouvelles vignes. Mais ces vignes sont loin d'avoir les mêmes propriétés que nos cépages français; la plupart d'entre elles donnent un vin que ne rappelle que de loin ce que nous appelons du vin : c'est bien un liquide alcoolique rouge, mais, tantôt le goût en est sauvage, si l'on peut employer cette expression, foxé suivant le terme consacré, tantôt il est framboisé, ce qui n'est pas plus agréable pour nos palais, habitués à la saveur des vins français, toujours agréable, même dans les liquides qui possèdent un goût accusé de terroir. Ces défauts des vins des vignes américaines ont servi pendant longtemps d'épouvantail à la reconstitution, mais heureusement tous les vins ne les possèdent pas au même degré, et certaines vignes américaines donnent des produits, sinon de qualité supérieure, au moins suffisants pour les besoins ordinaires du commerce, surtout quand leur vin est mélangé à celui des cépages français. Elles ne sont pas très nombreuses, mais il convient de signaler celles pour lesquelles la preuve est faite désormais.

Nous parlerons successivement des cépages à raisins rouges et des cépages à raisins blancs.

Parmi les premiers, il faut citer d'abord le Jacquez, le cépage favori d'un grand nombre de viticulteurs méridionaux. Il appartient à la série des *V. æstivalis*. C'est un cépage rustique, vigoureux, à fructification abondante, mais à grains petits, donnant un vin assez franc de goût, d'une couleur puissante, mais peu stable quand l'acidité du moût n'a pas été renforcée. Mélangé à la cuve avec des raisins français, notamment avec l'Aramon, il donne un vin que le commerce recherche. On en a obtenu par sélection des variétés à grains plus gros, et qui sont plus fructifères. Malheureusement, ce cépage exige, pour mûrir régulièrement, une quantité de chaleur que le climat languedocien ou provençal peut seul lui fournir; il n'est pas sorti de la région méridionale.

Au Jacquez se rattache le Saint-Sauveur, obtenu par M. Gaston Bazille de semis de pépins de Jacquez, et qui paraît un hybride entre ce dernier et la vigne française. Plus fertile que le Jacquez et donnant un vin supérieur, il mûrit jusqu'au nord de Lyon. C'est donc un cépage d'avenir.

L'Herbemont appartient aussi au groupe des *V. æstivalis*; il donne un vin meilleur que celui du Jacquez, sous le rapport du goût, mais moins coloré; il paraît avoir surtout bien réussi jusqu'ici dans le sud-ouest de la France.

L'Othello, le grand favori des dernières années, est un hybride de Clinton. Il donne un vin fort et de belle couleur, assez foxé dans la région méridionale, plus franc de goût dans les autres régions. C'est un cépage fertile quand il est taillé long et cultivé dans les terres très profondes de vallées ; là, il résiste bien au phylloxera, tandis que dans les terres sèches ou pierreuses de coteaux, il périt sous les attaques du puceron.

Tels sont, parmi les cépages rouges, ceux qui sont répandus aujourd'hui dans la grande culture. D'autres cépages ont été aussi recommandés bien des fois, mais ils ne sont pas sortis jusqu'ici, pour la plupart du moins, des collections : les uns résistent imparfaitement au phylloxera, les autres sont peu productifs ou donnent du vin franchement mauvais. Je vous citerai, parmi les principaux : le Secretary, qui a donné des résultats très divers, suivant les régions ; le Senasqua, qui est fertile et donne un vin assez bon, mais qui résiste médiocrement ; le Cynthiana, dont le vin est fortement coloré, mais qui reprend difficilement de bouture, et sur lequel on cite des échecs assez nombreux ; le Cornucopia, qui ne résiste que dans les sols riches, et dont le vin a un goût foxé ; le Canada, plant relativement bon, mais peu productif et qui se montre de résistance assez faible ; le Hundington, qui résiste bien, donne beaucoup de raisins, mais un vin d'assez mauvais goût.

Les cépages à raisins blancs sont encore moins nombreux. En première ligne se place le Noah, qui se répand surtout dans une partie de la région du sud-ouest ; il donne un vin qui est parfois assez foxé, mais qui, dans certaines localités, est assez franc ; dans la région de l'Armagnac, il paraît surtout devoir servir pour la fabrication de bonnes eaux-de-vie. Le Triumph est un cépage qui a été assez recommandé ; mais il mûrit irrégulièrement, et en dehors de la région tout à fait méridionale, la treille lui est souvent nécessaire. L'Elvira est beaucoup plus rustique que le Triumph ; dans quelques régions, comme le Poitou, il donne en général de bons résultats, tandis que dans le bassin de la Saône, on signale des insuccès assez fréquents.

Nous en avons fini avec les vignes américaines propres à donner directement du vin. Vous voyez que le nombre en est très limité, et vous apprendrez tout à l'heure que la plupart sont loin de convenir à toutes les circonstances. D'autre part, la vinification présente souvent des difficultés spéciales que je me bornerai à constater, sans insister davantage.

V. — La reconstitution du vignoble français serait donc aléatoire, sous le rapport tant du succès même de l'opération que de la bonne renommée des vins français, si les viticulteurs n'avaient à leur disposition que les plants producteurs directs. Heureusement, une autre solution ouvre devant nous des horizons autrement larges. Cette solution, c'est le greffage de nos bonnes vieilles vignes françaises sur les vignes américaines résistantes.

Le greffage de la vigne est une pratique anciennement connue. Cette pratique a été recommandée autrefois par Cazalis-Allut, mais elle n'était appliquée que très rarement. Depuis l'invasion du phylloxera, elle a pris des proportions qui grandissent d'année en année.

La vigne ne peut se greffer que sur elle-même, c'est-à-dire qu'on ne peut greffer la vigne que sur la vigne. De nombreuses tentatives ont été faites pour la greffer sur d'autres végétaux; aucune de ces tentatives n'a réussi. En fait, cela nous importe peu, puisque les diverses espèces du genre *Vitis* peuvent se greffer les unes sur les autres.

Je n'entrerai pas dans le détail du greffage de la vigne, c'est une affaire de métier qui vous intéresserait peu. Mais je dois vous indiquer les méthodes de greffe aujourd'hui adoptées. Un grand nombre ont été préconisées, je n'insisterai que sur celles qui sont devenues générales.

C'est d'abord la greffe en fente, ainsi nommée parce qu'on introduit le greffon, préalablement taillé en biseau, dans une fente simple pratiquée sur le sujet décapité. Si le sujet est jeune, on le fend dans toute sa largeur; s'il est déjà âgé, on le fend sur un des côtés de sa circonférence. Après avoir placé le greffon, on ligature et on recouvre d'un englument, comme pour toutes les sortes de greffes.

Une autre méthode de greffe s'applique exclusivement aux vignes jeunes: c'est la greffe en fente anglaise. On taille le sujet et le greffon en biseau, et on ouvre une fente longitudinale à peu près au milieu du biseau : on obtient ainsi, sur le sujet et sur le greffon, une languette isolée ; on introduit la languette du greffon dans la fente du sujet, et réciproquement. Les deux sarments de vigne se pénètrent ainsi, et toutes les parties des sections sont en contact parfait. On ligature et on englue, comme dans le cas précédent.

Une troisième méthode de greffe, qui a reçu le nom de greffe de Cadillac, du nom de cette localité de la Gironde, paraît un peu plus compliquée au premier abord, mais elle ne présente pas, en réalité, de plus grandes difficultés. On n'étête pas le sujet, on lui laisse sa vie propre, pendant le temps nécessaire à la greffe pour qu'elle se soude. Sur un côté du sujet, on pratique une entaille dans laquelle on fait entrer le greffon. Après la reprise, c'est-à-dire au bout d'un an, on supprime tous les sarments du sujet et on ne garde que ceux du greffon. Cette méthode présente l'avantage que, dans le cas où la greffe n'aurait pas réussi, la vie du sujet n'est pas supprimée, comme dans les exemples précédents.

La greffe se pratique de manières très différentes : sur place, c'est-à-dire sur sujets plantés définitivement ; sur table, c'est-à-dire sur sujets (boutures ou plants racinés) qu'on met en pépinière pour une année jusqu'à ce que la greffe soit complètement prise. Je n'entrerai pas dans tous les détails relatifs à ces méthodes. A mes yeux, la deuxième est préférable. J'ajouterai que, pour pratiquer rapidement la greffe de la vigne on a imaginé des machines spéciales, dont quelques-unes marchent très régulièrement.

La pratique du greffage a eu pour résultats la création d'un métier nouveau ; celui de *vigneron greffeur*. Les jeunes gens, les jeunes filles y acquièrent parfois une très grande habileté. Pour former les greffeurs qui sont nécessaires dans les nouveaux vignobles, beaucoup d'associations agricoles ont eu l'excellente initiative de créer des écoles de greffage ouvertes pendant l'hiver, et dans lesquelles, en quelques séances, les apprentis deviennent pour la plupart des ouvriers suffisants. La Société régionale de viticulture de Lyon, la Société d'agriculture de l'Hérault, le Comice de Béziers ont donné, à cet égard, des exemples qui ont été imités partout.

Les résultats du greffage de la vigne sont les mêmes que pour les autres variétés d'arbres et d'arbustes fruitiers. Les qualités des variétés qui servent de greffons sont absolument conservées; il y a même accroissement dans la précocité et dans le rendement, et parfois amélioration de la qualité. Ces faits sont désormais si bien établis que, pour beaucoup de viticulteurs expérimentés, la pratique du greffage devrait être maintenue dans les traditions viticoles, quand bien même le phylloxera disparaîtrait. Le greffage provoque, il est vrai, des suppléments de dépenses dans l'établissement du vignoble; mais les calculs de M. Victor Pulliat ont démontré que ce supplément de frais est payé par la première vendange qu'on obtient un an plus tôt, en moyenne, qu'avec les vignes non greffées.

Les vignes américaines qui peuvent servir de porte-greffes sont plus nombreuses que celles qui peuvent servir comme producteurs directs. Deux qualités sont surtout requises ici: une résistance absolue aux atteintes du phylloxera et une aptitude spéciale à prendre la greffe avec les vignes françaises. Tandis que les cépages producteurs directs appartiennent surtout au groupe des *V. æstivalis*, ceux qui sont aptes à servir de porte-greffes appartiennent surtout aux groupes des *V. Riparia* et *V. Rupestris*. Ce n'est pas que certains producteurs directs ne puissent servir de porte-greffes; ainsi le Jacquez est souvent employé pour ce but; il en est de même du Noah. Mais c'est l'exception. Les porte-greffes dont la valeur est désormais consacrée sont les suivants: parmi les *V. Riparia*, les Riparias proprement dits, le Clinton, le Solonis et le Taylor; parmi les *V. Rupestris*, un certain nombre de variétés de cette espèce, dont le nombre s'accroît assez rapidement par la sélection des sarments; et enfin, parmi les vignes hybrides, le York-Madéra et le Vialla.

Parmi ces cépages, quelques-uns exigent des terres assez profondes et fertiles. Ceux qui s'adaptent aux mauvais terrains rocailleux sont peu nombreux: l'York et le

Rupestris sont à peu près les seuls qui aient donné des succès dans ces conditions. Le Vialla réussit admirablement dans les terrains granatiques ou schisteux. Les Riparias sont les porte-greffes les plus répandus dans le diluvium de la région méridionale.

Pour les porte-greffes, à la difficulté d'adaptation au sol, précédemment signalée, s'ajoute une autre difficulté : c'est celle de l'adaptation du greffon au sujet qui doit le porter. C'est seulement par des expériences réitérées qu'on peut résoudre ce problème, pour chacun de nos anciens cépages. On y arrivera avec le temps.

C'est pour supprimer ces difficultés, comme celles qui sont, malgré tout, inhérentes au greffage, qu'on a cherché, depuis une dizaine d'années, à créer de nouvelles vignes qui soient telles que leurs racines résistent au phylloxera et que leurs raisins possèdent les anciennes qualités des raisins français. Ce programme a été fixé par M. Millardet, en 1874 ; on ne connaissait alors que des hybrides de vignes américaines entre elles. C'est à l'hybridation artificielle, c'est-à-dire au croisement voulu des vignes américaines et des vignes françaises, qu'on a demandé ce résultat. Ce sont des recherches et des expériences de longue haleine qui ont été entreprises ainsi. Combien d'essais infructueux ne faut-il pas répéter avant d'arriver à un résultat heureux ! Les faits acquis désormais permettent d'espérer que, dans un avenir plus ou moins prochain, le problème sera tout à fait résolu. Parmi les chercheurs qui sont entrés dans cette voie, il faut rappeler les noms de MM. Millardet et de Grasset, qui travaillent ensemble ; de M. Victor Ganzin, dont l'Aramon-Rupestris est entré dans la grande culture ; de M. Georges Couderc, dont le Gamay-Couderc paraît appelé à un avenir brillant. Malgré ces bons pronostics, c'est surtout la greffe qu'adoptent aujourd'hui la plupart des viticulteurs aux prises avec la reconstitution.

VI. — Nous arrivons à la constatation des résultats précis obtenus avec les vignes américaines. Ici, nous allons laisser la parole aux documents qui ressortent des enquêtes officielles. D'après les rapports présentés annuellement par M. Tisserand à la commission supérieure du phylloxera, l'étendue cultivée en vignes américaines, depuis huit ans, s'est accrue dans les proportions qui suivent : en 1881, 8.900 hectares; en 1882, 17.000 hectares ; en 1883, 28.000 hectares; en 1884, 53.000 hectares; en 1885, 75.200 hectares; en 1886, 110.800 hectares : en 1887, 166.500 hectares ; en 1888, 217.000 hectares.

De 1885 à 1888, l'étendue des vignes américaines a presque triplé. C'est la démonstration la plus éloquente de la légitime confiance qu'elles inspirent aux vignerons.

Les 217.000 hectares de vignes américaines que la statistique constate, en 1888, se répartissent entre 40 départements, qu'on peut diviser en catégories suivant l'importance que la reconstitution y a acquise.

Presque toutes ces vignes se répartissent entre huit départements, lesquels, à l'exception d'un seul, la Gironde, appartiennent à la région du sud-est. En voici la nomenclature, par ordre d'importance : Hérault (92.900 hectares), Aude (22.100), Gard (20.600), Pyrénées-Orientales (20.000), Gironde (13.300), Var (11.900), Vaucluse (4.297) et Bouches-du-Rhône (4.106). Avant l'invasion phylloxérique, les quatre premiers de ces départements récoltaient ensemble 20 millions d'hectolitres de vin ; leur production était descendue à 5 millions d'hectolitres ; elle est remontée aujourd'hui à 10 millions d'hectolitres. C'est à la vigne américaine, à la submersion et à la culture dans les sables que ces résultats sont dus. La Gironde compte aujourd'hui plus de 13.000 hectares de vignes américaines ; elles sont surtout répandues dans le Libournais et le Saint-Emilionnais ; le traitement par les insecticides compte de nombreux succès dans le Médoc, mais la vigne greffée y donne aussi d'excellents résultats.

Dans la deuxième catégorie, nous placerons les départements qui comptent de 1.000 à 3.000 hectares de vignes américaines. En voici la liste : Gers (3.000 hectares), Ardèche (1.600), Drôme (1.848), Tarn-et-Garonne (2.500) Haute-Garonne (2.172), Basses-Alpes (1.175), Lot (1.589), Dordogne (1.650), Charente-Inférieure (1.010), Rhône (2.058), Lot-et-Garonne (3.000). Ces onze départements comptent 21.000 hectares de vignes américaines. La reconstitution y a commencé plus tard que dans les départements de la première catégorie, mais elle y prend un mouvement accéléré. Cette catégorie comprend des vignobles d'une haute importance. Le Beaujolais, dont les vins sont justement réputés, voit le nombre des vignes nouvelles s'accroître rapidement sous l'active impulsion de plusieurs habiles viticulteurs, parmi lesquels il serait injuste de ne pas citer M. Victor Pulliat. Dans la Drôme, le célèbre vignoble de l'Ermitage, qui avait presque complètement disparu, renaît à vue d'œil; depuis que l'initiative de M. Léon Richard a été couronnée de succès, la valeur du sol, qui était tombée à presque rien, a trouvé son ancien taux. Je vous citerai encore à Ampuis (Rhône) le vignoble de Côte-Rôtie; M. Gomot en a reconstitué une partie avec une grande habileté ; les cultures maraîchères, qui y avaient remplacé la vigne, vont à leur tour disparaître devant la vigne.

Dans la troisième catégorie, nous placerons les départements où l'on compte de 100 à 1.000 hectares de vignes américaines. Ils sont au nombre de seize, savoir : Tarn (850 hectares), Aveyron (925), Isère (531), Saône-et-Loire (771), Charente (308), Vienne (450), Ain (350), Deux-Sèvres (196), Lozère (230), Indre-et-Loire (225), Jura (250), Corrèze (145), Hautes-Alpes (123), Indre (122), Ariège (100), Corse (230). Le mouvement signalé pour la deuxième catégorie s'est accentué aussi dans celle-ci, surtout dans les départements de Saône-et-Loire et de la Vienne.

Enfin à la quatrième catégorie appartiennent cinq départements, dans chacun desquels on compte moins de 100 hectares plantés en vignes américaines. Ils sont disséminés sur presque tout le territoire. En voici la nomenclature : Savoie, Loire, Côte-d'Or, Loiret, Vendée. Dans ces départements, la reconstitution est à ses débuts ; mais dans quelques-uns, comme dans l'Indre, on peut citer de nouveaux vignobles qui sont désormais en pleine production et dont la prospérité servira certainement d'exemple.

Je ne voudrais pas abuser de votre patience ; mais à côté de cette statistique un peu abstraite, il faut placer quelques aperçus sur des vignobles qui sont pleinement reconstitués. J'emprunterai ces exemples à la région où les vignes américaines ont pris pleinement possession du sol ; je veux parler du bas Languedoc.

M. d'Espous, qui a créé, à Guillermin, avec le concours de M. Fermaud, un vignoble d'une centaine d'hectares, depuis 1882, a vu ses récoltes s'élever progressivement à 600 hectolitres en 1884, à 1.400 hectolitres en 1885, à 2.800 hectolitres en 1886, à 5.700 hectolitres en 1887, et enfin à plus du double de ce dernier total en 1888.

Un autre viticulteur, M. Sc. Bastide, au domaine d'Agnac, près de Montpellier, a replanté un vignoble de 120 hectares, depuis 1878 ; il y a récolté 7.400 hectolitres en 1888, soit, à peu de chose près, autant que le précédent propriétaire, avant l'invasion du phylloxera. Une grande partie est en vignes greffées ; le reste est en producteurs directs.

A Mauguio, M. des Hours a reconstitué un vignoble de 60 à 70 hectares, sur lesquels il a obtenu cette année environ 4.000 hectolitres de vin. Le Riparia y sert de porte-greffes à des Aramons, à des Petits-Bouschets et à des Alicantes-Bouschet ; le Clinton, greffé en Aramons, y donne aussi d'excellents résultats.

C'est une récolte aussi élevée que M. Jules Leenhardt obtient sur 50 hectares de vignes, dont le Riparia, greffé en 1880 et 1881, forme le principal fonds.

Chez M. Gaston Bazille, à Lattes et à Pérols, les résultats sont tout aussi remarquables, justifiant cette parole que l'éminent viticulteur prononçait, il y a deux ans, dans une réunion viticole : « Nous aurons reconstitué notre vignoble depuis longtemps que vous en serez encore à discuter sur la résistance des vignes américaines. »

Dans le département du Gard, M. Lugol, président de la Société d'agriculture, qui y a été le chef de la reconstitution, a vu les recettes en vin de son domaine de Campuget s'élever, de 3,000 francs en 1881, à 42.000 francs en 1886. Les vendanges y ont passé, de 1.900 hectolitres en 1887, à 4.100 hectolitres en 1888. M. Lugol se livre, d'ailleurs, à des expériences fort importantes sur les modes de culture ou d'*inculture*, suivant son expression, à appliquer aux diverses vignes américaines[1].

Je pourrais multiplier ces exemples, mais le temps presse : je vous citerai seulement un dernier témoignage. En préparant cette conférence, j'ai mis la main sur une lettre que m'écrivait, en 1879, M. Camille Saintpierre; alors directeur de l'Ecole d'agriculture de Montpellier. Je ne puis résister au désir de vous en citer un extrait : « Ce n'est pas nous qui affirmons leur résistance (il s'agissait des vignes américaines), ni nous, ni les Sociétés ou les Académies ; ce sont les vignes qui parlent elles-mêmes, et elles parlent bien à ceux qui, comme vous, ont bien voulu les interroger. » M. Saintpierre est mort à la peine ; son témoignage d'alors était une vraie prophétie. Ce pourrait être notre conclusion.

VII. — Jusqu'ici je ne vous ai montré que le beau côté de la médaille. Mais cette médaille a un revers.

Les botanistes divisent, comme vous le savez, les plantes en deux grandes catégories : les plantes calcicoles qui poussent dans les terres calcaires, et les plantes silicoles qui ne poussent que dans les terrains dépourvus de calcaire. L'ancienne vigne française ne figure exclusivement dans aucune de ces catégories : elle vient bien dans les terrains calcaires, comme dans les terrains non calcaires ; mais, dans ces derniers, elle atteint une plus grande vigueur, qui lui permet de résister plus longtemps aux atteintes du phylloxera. Cette vitalité plus grande est-elle due à la présence dans le sol d'éléments spéciaux, comme la magnésie, ainsi que M. Dejardin pense pouvoir le déduire de ses recherches sur ce sujet ? L'avenir nous l'apprendra. Quoi qu'il en soit, le fait est certain.

Les vignes américaines, au contraire, du moins celles dont je vous ai parlé jusqu'ici, sont franchement silicicoles. Dans les terrains calcaires, surtout dans les formations crétacées, dans ce qu'on appelle souvent les terres marneuses blanches, ces vignes ne prennent pas de vigueur,

1. M. Lugol est le gendre d'un homme aimé à l'Association française, Paul Broca, qui a été un de ses présidents.

elles sont atteintes de chlorose et meurent au bout de quelques années. La mort devient plus rapide quand ces vignes sont greffées; elle arrive souvent dès la seconde année qui suit la greffe.

Ce caractère spécial des vignes américaines est un obstacle à la reconstitution d'un grand nombre d'anciens vignobles en terrains calcaires. C'est ainsi que, dans les Charentes, où la vigne a disparu avec une grande rapidité, la reconstitution n'en est qu'à ses débuts et n'a pu prendre d'extension, malgré des efforts persévérants poursuivis depuis dix ans.

Existe-t-il des vignes américaines qui puissent s'adapter aux terres calcaires? C'est pour résoudre cette difficulté que le ministère de l'agriculture a chargé, en 1887, M. Pierre Viala d'une mission en Amérique. Cette mission a eu de bons résultats.

M. Viala a constaté que trois espèces de vignes, le *Vitis Berlandieri*, le *V. cinerea* et le *V. cordifolia*, s'accommodent parfaitement des terrains calcaires et y prospèrent vigoureusement. Ces vignes n'étaient pas inconnues en France, où elles se trouvent dans un certain nombre de collections; mais elles étaient jusqu'ici peu appréciées, soit parce que leur fructification est faible, soit surtout parce que leur reprise par bouturage est extrêmement précaire: peu de plantes présentent des échecs aussi considérables quand on veut les reproduire par boutures. Le bouturage à un œil, employé par quelques horticulteurs, a été préconisé, pour ces espèces et d'une manière générale pour la multiplication de la vigne, par Mme la duchesse de Fitz-James, avec le grand talent qu'elle prodigue dans la discussion des problèmes viticoles. Cette méthode de multiplication a pour avantage d'assurer un développement exubérant de racines vigoureuses et superficielles; la plante n'est plus obligée de chercher sa nourriture dans les couches profondes du sol.

Quelques-uns des hybrides dont je vous ai parlé tout à l'heure paraissent aussi devoir convenir pour les terrains crétacés; mais l'étude n'en est pas encore assez complète pour qu'on puisse donner des assurances absolues à cet égard.

VIII. — Dans le vaste champ que nous venons de parcourir ensemble, j'ai insisté spécialement sur les résultats acquis dans quelques grands vignobles ; il s'agissait de placer sous vos yeux des exemples saisissants. Je dois ajouter que les petits vignobles, ceux de quelques hectares, de quelques ares même, marchent aussi à grands pas vers une résurrection complète, du moins dans le Languedoc et en Provence. Dans les régions envahies par le phylloxera, les petits vignerons ont été les plus fortement éprouvés; en voyant périr les vignes, ils ont vu toutes leurs ressources disparaître. La plupart, en même temps qu'ils cultivaient leurs petits clos, travaillaient dans les propriétés plus grandes ; en même temps que leurs propres ressources, ils ont perdu celles de leur travail ; aussi beaucoup ont-ils dû émigrer. Ceux qui sont restés montraient d'abord beaucoup de scepticisme en présence des tentatives de reconstitution ; ces doutes étaient légitimes devant certains insuccès. Mais lorsque les premiers succès s'accentuèrent, lorsque la voie à suivre se déblaya, les petits vignerons en furent les premiers témoins. Aussi les doutes disparurent, et la confiance revint. Si l'on doit à la vérité de dire que les grands propriétaires ont été les initiateurs de la reconstitution, il convient d'ajouter que c'est surtout à la petite culture que sont dus, depuis trois à quatre ans, les principaux progrès. On cite, dans ces régions, des communes qui comptent aujourd'hui autant de vignes qu'aux époques de l'ancienne prospérité. C'est aux petits vignerons que ce résultat est dû. Après avoir travaillé dans les grands vignobles, après y avoir appris les nouvelles méthodes de culture, le greffage et les soins qu'il comporte, ils ont appliqué ces méthodes dans leurs petits clos, et ils ont réussi. Ils en sont récompensés parce qu'ils ont du vin à faire boire à leur famille, et qu'ils en ont à vendre, ce qu'ils avaient désappris depuis bien des années.

Dans le vignoble méridional, on rencontre de temps à autre de puissants appareils de labourage à vapeur employés à défoncer, en vue de nouvelles plantations, des terres restées longtemps incultes. C'est un travail ardu, qui exige des avances considérables et qui a droit à toutes les sympathies. Mais le travail plus lent et plus obscur de la pioche du vigneron qui reconstitue son lopin de vigne, dans ses moments perdus, quand il a gagné sa journée par un labeur pénible, — ce travail est encore plus intéressant, d'abord parce que celui qui s'y adonne est plus faible, et ensuite parce que son œuvre est plus utile au pays, car elle s'étend sur de bien plus grandes surfaces.

De l'ensemble de ces faits découle une conclusion toute naturelle. La reconstitution du vignoble français est un fait dont il ne faut plus douter : un cinquième des vignes perdues est aujourd'hui régénéré ; le reste viendra rapidement. Les vignerons se sont redressés contre l'infortune : ils en ont eu et surtout ils en auront raison. Ce n'est plus qu'une affaire de temps.

Un danger néanmoins menace le travail de la reconstitution. Je n'y insisterai pas, mais j'ai pour devoir de le signaler. Il est déplorable que, par suite de combinaisons fiscales mal pondérées et qui constituent de véritables primes pour la fraude, le vigneron se trouve en présence de difficultés commerciales aiguës, à cause des faveurs faites étourdiment aux vins étrangers et aux liquides de toute nature qui se vendent indûment sous le nom de vin. La fraude a pris des proportions réellement fantastiques, dont le producteur est la première victime. Si la situation actuelle devait se prolonger longtemps, elle constituerait l'obstacle le plus efficace à la reconstitution des vignes en France.

HENRY SAGNIER.

Châteauroux. — Typ. et Stéréotyp. A. MAJESTÉ.

www.ingramcontent.com/pod-product-compliance
Ingram Content Group UK Ltd.
Pitfield, Milton Keynes, MK11 3LW, UK
UKHW021203230726
13926UKWH00001B/271

9 782016 169513